QUELQUES MOTS

SUR

LA CRISE VITICOLE

DANS LE

DÉPARTEMENT DE LOT-ET-GARONNE

Des moyens de reconstituer nos Vignobles

ET DES

VIGNES AMÉRICAINES

CONFÉRENCE

FAITE

LE 20 SEPTEMBRE 1885

PAR

Jean-François-Etienne DUPÉRIÉ

Vice-Président du Syndicat Agricole du canton de Prayssas, Membre de la Société d'Encouragement à l'agriculture, ex-avocat près la cour d'appel d'Agen, Notaire, Maire de Laugnac.

Agen. — Imprimerie BONNET

1885.

QUELQUES MOTS

SUR

LA CRISE VITICOLE

DANS LE

DÉPARTEMENT DE LOT-ET-GARONNE

Des moyens de reconstituer nos Vignobles

ET DES

VIGNES AMÉRICAINES

CONFÉRENCE

FAITE

LE 20 SEPTEMBRE 1885

PAR

Jean-François-Etienne DUPÉRIÉ

Vice-Président du Syndicat Agricole du canton de Prayssas, Membre de la Société d'Encouragement à l'agriculture, ex-avocat près la cour d'appel d'Agen, Notaire, Maire de Laugnac.

1885

AVANT-PROPOS

Quelques-uns de mes amis, ayant eu connaissance du sujet que j'ai traité récemment devant mes collègues du Syndicat agricole du canton de Prayssas, et sachant, que, depuis plusieurs années, je consacre les instants de loisir que me laisse le notariat à l'étude des *moyens de reconstituer nos vignobles*, m'ont sollicité de publier un résumé de mes *observations sur les vignes américaines*.

Je me rends à leurs désirs, et vais reproduire ci-après le texte de la conférence que j'ai dû faire à la réunion des agriculteurs du canton de Prayssas.

Je me hâte de dire que je n'ai rien découvert par moi-même, ni l'insecte, ni la vigne américaine, ni la greffe ; mais j'ai lu presque tous les ouvrages qui, depuis quelques années, ont été publiés sur cette question, de plus, j'ai visité la plus grande partie des propriétés du département où la culture des vignes américaines est actuellement en vigueur, et, j'ai moi-même planté les diverses espèces des plants aujourd'hui en vogue.

Je vais donc, dire simplement et le plus clairement possible, le résultat de mes lectures et des observations que j'ai faites personnellement chez les viticulteurs les plus distingués de la région et chez moi-même, afin de résoudre ce problème : « 1° Que doit-on faire quand on a « des vignobles français menacés ou attaqués « par le Phylloxéra ? 2° Si l'on a des vignobles « à établir, quels cépages faut-il planter ? »

MESSIEURS,

Quelle est la situation du vignoble dans notre départe-
tement, — Quels sont les moyens de le défendre, — et,
spécialement, que devons-nous penser de la *reconstitution par les Vignes Américaines ?* Tel est le sujet
que vous m'avez fait l'honneur de me confier et que,
selon votre désir je vais essayer de traiter aujoud'hui
devant vous.

Vous savez tous que, avant 1815, la culture de la
vigne était à peu près nulle, mais à partir de cette époque le licenciement de l'année ayant rendu des milliers
de bras à l'agriculture, les plantations de vignes sont
de plus en plus nombreuses, — le vin au début, est
vendu au prix de huit à dix francs la barrique de 220
litres, — et dans ces dernières année (de 1881 à 1883)
il a atteint le chiffre de cent vingt, cent trente et quel-
ques-unes cent cinquante francs ; — aussi avons nous
vu disparaitre presque tous nos bois taillis remplacés
par des vignobles ; — on avait planté la vigne dans tous

les terrains, de préférence dans les mauvaises terres et non seulement elle vivait mais elle poussait partout avec vigueur et donnait des raisins en abondance.

La culture de la vigne assurait donc la fortune, ou du moins donnait une grande aisance, — et ceux qui les premiers, avaient fait de grandes plantations se crurent revenus à l'âge d'or; — malheureusement l'âge d'or ne devait pas durer, et presque sans transition, nous devions arriver à l'âge de fer.

En quelques années, les cultivateurs ont vu leurs vignobles, naguère si florissants, dépérir sans causes apparentes et le nombre des raisins diminuer considérablement; les vignes donnaient chaque année des tiges moins vigoureuses, — et, après avoir, si je puis m'exprimer ainsi, langui trois ou quatre ans, elles mouraient d'un mal jusqu'alors inconnu.

De quel mal meurt la vigne ?

J'ai cru longtemps que le mal était le manque de soins, surtout, l'absence de soins donnés avec intelligence, — et que le plus grand ennemi de nos vignes *c'était les métayers*; — mais aujourd'hui j'ai dû faire amende honorable, et reconnaître que, du moins, les métayer ne méritent pas le premier prix.

Le plus grand ennemi de la vigne et des vignerons, c'est *le Phylloxéra*, — lisez le petit traité de viticulture de M. de Mondenard, et vous serez édifiés.

Qu'est-ce que le Phylloxéra ?

Vous connaissez aussi bien que moi cet insecte à peine visible au microscope et qui a la couleur de la rouille

Est-il l'effet ou la cause de la maladie ? — Mais à quoi bon perdre son temps à examiner à étudier une question sur laquelle on n'a pas pu et on ne pourra peut-être jamais se mettre d'accord, — ce qui est certain et indiscutable aujourd'hui, c'est que nos vignes sont mortes ou meurent dévorées par le Phylloxéra.

Origine du Phylloxéra.

De quel pays est-il originaire ? — A-t-il été porté en France par la vigne américaine ?

Devons nous accepter sans contrôle cette opinion répandue par les partisans de la routine qui voyant un danger dans toutes les innovations, font tous leurs efforts pour les empêcher d'aboutir et, fort souvent, empêchent ainsi, leurs compatriotes et eux-mêmes d'arriver, sinon à la fortune, du moins à un bien-être assuré.

Il faut, à mon avis, eviter la routine et n'accepter les innovations qu'autant que l'expérience, faite par des personnes compétentes, en a justifié l'utilité; — mais, il faut surtout n'avoir jamais d'opinion arrêtée à l'avance, — ne pas faire de l'opposition quand même et malgré tout, en un mot, ne juger qu'après un examen sérieux de la question.

Ceux qui prétendent que le phylloxéra a été introduit en France par les vignes Américaines accusent

M. Laliman (de Bordeaux) qui, le premier, vers 1867 ou 68 a planté des vignes Américaines. — Or dans le courant de cette même année MM. Sahut, Gaston Bazile et Planchon, visitant les vignobles de la Provence pour étudier la maladie à peu près inconnue alors, dont ils étaient atteints, nous disent, « qu'ils ont « constaté que les premiers vignobles frappés avaient « été plantés sur des défrichements de bois de chê- « nes ; — Il en était ainsi, ajoutent-ils, au Plateau de « Pujaut, près Roquemaure, au plan de Dieu, près « Orange, sur le plateau du château de Lagoy, près « St-Rémy,enfin à St-Martin-de-Crau, près d'Arles(à ce « dernier endroit ils virent un vignoble de près de « huit hectares presque entièrement détruit par l'in- « secte,qu'ils nommèrent le Rhizaphis Vastatrix) (1) de « ,même il y avait au plan de Dieu un vignoble de plus « de cent hectares encore très-vigoureux dont l'année

---

« (1) l'insecte nommé d'abord *Rhizaphis Vastatrix*, « parlessavants viticulteurs,ci-dessus désignés,changea « nom, parceque, plus tard, le docteur Signoret ayant « reconnu dans cette insecte, les caractères génériques « particuliers au *Phylloxéra, insecte vivant sur le* « *chêne* et auquel le savant Boyer-de-Fons-Colombe « venait de donner le nom de *Pylloxéra Quercus* ; — « dès-lors, dis je, notre puceron cessa de porter le nom « de baptême qui lui avait été donné par ceux qui, les « premiers, l'avaient sinon découvert du moins étudié « en France. il ne fut plus nommé *Rhizaphis* mais « bien *Phylloxéra*, — toutefois il conserva ce que « nous appellerons son nom de famille, celui de *Vas-* « *tatrix*, qui ne lui convenait que trop bien.

« suivante il ne restait pas une seule souche vivante, (on
« était alors au mois de juillet 1868)c'est-à-dire,que cet
« état de choses était constaté,ajoutent ils, précisement
« sur tous les points et dans tous les vignobles où nous
« avions observé pour la première fois des exemples de
« grande mortalité se produisant sur des surfaces éten-
« dues.

« Dans chacun de ces cas, les pieds de vigne, qui
« étaient plantés depuis quelques années seulement,
« avaient leurs racines en contact avec celles des sou-
« ches de chêne commun qui étaient restées encore
« vivantes dans le sol. — Dans le voisinage de ces
« vignes infestées, il se trouvait encore beaucoup de
« chênes communs dont les feuilles étaient couvertes
« à leur face inférieure par de nombreuses colonies
« de petit pucerons rougeâtre, appartenant à l'espèce
« décrite par Boyer-de-Fons-Colombe, sous le nom de
« *Phylloxéra Quercus.* »

Pareil fait a été constaté dans notre contrée
par M. Béchet, père (aujourd'hui décédé), au lieu de
Salzet, dans la commune de Sembas. — M. Béchet,
que vous connaissiez tous, était un agriculteur intelli-
gent et observateur, aimant à se rendre compte de ce
qu'il voyait, voici à peu près textuellement les explications qu'il m'a donné à ce sujet, il y a bientôt deux
ans. — « En 1866, me dit-il, ayant défriché une partie
« de mon bois de Salzet, je fis sur le sol défriché une

« plantation de vignes Françaises (j'ignorais alors l'uti-
« lité et presque l'existence des vignes américaines), —
« ces plants poussèrent vigoureusement pendant les
« deux premières années, restèrent stationnaires pen-
« dant la troisième, déclinèrent ou mieux moururent
« à la quatrième et étaient mortes à la cinquième. —
« Ne connaissant pas alors, ajoutait M. Béchet, ne con-
« naissant pas l'ennemi de nos vignobles, je n'ai pas
« su, tout d'abord, m'expliquer comment un vignoble
« jeune, bien soigné et qui semblait ne demander qu'à
« vivre avait péri aussi rapidement, — mais, depuis,
« j'ai appris à le connaitre à mes dépens *cet ennemi*,
« car successivement, tous mes vignobles ont été
« atteints, et partout, j'ai retrouvé la feuille jaune, les
« tiges rabougries et tous les symptômes que j'avais
« observés sur les vignes de Salzet. — Aujourd'hui, je
« n'ai plus de doutes, c'est le Phylloxéra qui a détruit
« les unes et les autres. »

Ainsi, MM. en 1866, à une époque où les vignes
américaines étaient à peu près inconnues en France,
et d'une manière absolue, dans notre région, — une
vigne nouvellement plantée au milieu d'un bois situé
à la limite de l'arrondissement d'Agen (mais dans l'arrondissement de Villeneuve sur-Lot), — e' plantée sur
le défrichement d'une partie de ce bois, — cette vigne
était phylloxérée et mourait sans avoir pu donner une
récolte.

Me basant sur tous ces faits, je crois pouvoir affirmer *soit, que le Phylloxéra* ne nous vient nullement de l'Amérique soit, qu'il ne nous vient pas seulement de l'Amérique et qu'il existe en France depuis de longues années. — Si sa présence dans notre contrée n'a pas été constatée plus-tôt, c'est que le Phylloxéra vivait autrefois sur les racines et surtout sur les feuilles du chène et n'avait probablement d'autre ambition que de vivre là tranquille, lorsque, il a vu, ce qu'il nommait peut-être son royaume, attaqué de tous les côté, et les chènes tomber par milliers sous la hache du bucheron ; ce malheureux puceron devait alors se considérer comme perdu, mais, l'homme, son ennemi, a eu l'idée de planter de la vigne à la place où précédemment étaient les chènes ; mourant de faim, et par suite, rendu peu difficile sur le choix de sa nourriture il s'est contenté de ce qui lui était offert, — puis, peu à peu il a pris goût à ce mets nouveau et aujourd'hui il dévore nos vignobles et se venge ainsi de l'homme qui est venu le troubler dans sa retraite.

A mon avis, nous n'avons pas plus de raison de dire : « Le Phylloxéra nous vient d'Amérique, » que les Américains, d'affirmer « Le Phylloxéra nous a été envoyé d'Europe. »

Ecoutez, le raisonnement fait à M. Félix Sahut par un viticulteur Américain :

« Vous reconnaitrez avec moi, lui dit-il, que, à l'épo,
« que où le Phylloxéra a commencé à exercer ses

« ravages dans quelques vignobles de France, il nous
« avait été importé de l'Europe (en Amérique) *cent*
« *fois plus* de pieds de vignes Européennes que l'Amé-
« rique n'avait exporté de vignes Américaines dans
« l'ancien continent; — Vous conviendrez également
« que les racines de vos vignes Européennes attaquées
« par le Phylloxéra récèlent *dix fois plus* d'insectes
« cela n'est pas exagérer) que ne peuvent en porter
« les racines de nos vignes Américaines. — Faites le
« calcul, et vous verrez que s'il y a *une chance* pour
« que le Phylloxéra vous soit venu d'Amérique, il y a
« 100 $\times$ 10, c'est à dire, *mille fois plus de chance* pour
« que ce redoutable insecte nous soit venu d'Europe. —
« Et, d'ailleurs vous n'ignorez pas, sans doute, que les
« premières exportations en Europe de vignes Améri-
« caines, celles faites à peu près à l'époque où vous
« avez constaté le Phylloxéra dans vos vignobles de
« France (1), vous n'ignorez pas, dis-je, que ces plants
« Américains venaient de la Géorgie, c'est-à-dire, pré-
« cisément de la partie des Etats-Unis qui a été à peu
« près la seule préservée, jusqu'à ce jour, du Phyllo-
« xéra. — Il était bien difficile que la Géorgie, pût vou[s]
« communiquer l'insecte qu'elle ne possédait pas
« alors, — et que, malgré toute les recherches, faites
« pendant ces dernières années par des hommes com-
« pétents, il n'a pas été possible d'y découvrir encore. »

---

(1) Vers 1867

Aussi le savant viticulteur de l'Hérault ajoute-t-il :
Je fus frappé par la justesse de ce raisonnement dont
les arguments ne paraissaient sans réplique, — et,
j'ai promis de porter ces observations à la connaissance
de mes lecteurs.

Vous le voyez, Messieurs, rien de moins sûr que l'o
rigine Américaine du Phylloxéra.

Il importe peu, d'ailleurs, de rechercher et d'acqué-
rir une certitude absolue sur l'origine du terrible puceron, — car, s'il y a un doute sur ce point, il en est
un, je le répète, sur le quel tout le monde est d'accord :
— *Le Phylloxéra existe et nous ruine.* — Ce qu'il est
important et urgent de rechercher et de trouver, ce
sont les moyens de le combattre et de le vaincre, ou,
d'avoir malgré lui, des vignes vigoureuses donnant en
abondance des raisins de bonne qualité.

Ces moyens existent-ils ?

Oui, Messieurs, ces moyens existent, — Tous les
viticulteurs sérieux reconnaissent qu'il sont au nombre
de trois : 1° La submersion. — 2° Les insecticides. —
3° La reconstitution de nos vignobles par les vignes
Américaines.

Des deux premiers moyens, je ne dirai rien ou presque rien, puisque nous devons aujourd'hui nous occuper d'une manière toute spéciale des vignes Américaines.

1° *La submersion* est un moyen, d'autant plus impraticable dans nos coteaux, que, cela est démontré aujourd'hui, il n'a de chances de réussite que tout autant qu'il sera possible de tenir le sol de la vigne sous une nappe d'eau de viugt à trente centimètres de hauteur, et cela pendant quarante cinq à cinquante jours au moins à partir du premier novembre, c'est-à-dire au moment du repos de la végétation, — de plus. il est indispensable que le sous-sol soit imperméable et l'eau stagnante.

2° *Les insecticides* dont l'efficacité est aujourd'hui reconnue, sont :

  1° Le Sulfo-carbonate de potassium.
  2° Le Sulfure de Carbonne.
  3° Le Badigeonnage, d'après la méthode Balbiani.

L'emploi des deux premiers moyens nécessite des précautions nombreuses, — et, surtout a le tort très grand d'occasionner une dépense annuelle variant de trois cents à cinq cents francs par hectares.

Le badigeonnage, d'après la méthode Balbiani, système préconisé par M. Prosper de Laffitte, a, sur le précédent de grands avantages, — il ne peut jamais nuire à la vigne, et. par suite, il n'est pas nécessaire de prendre de grandes précautions pour l'employer, — de plus. il occasionne une dépense annuelle de deux cent cinquante francs environ par hectare, main-d'œuvre comprise,— et ne doit être renouvelé,recommencé

que pendant quatre ans,—car, nous dit M. de Laffitte,
cette période de quatre ans est suffisante pour la des-
truction complète de l'œuf d'hiver, — et, par suite, —
du Phylloxéra.

Le mélange employé pour ces badigeonnages se com-
pose de :

Huille lourde.................	20 parties
Naphtaline brute (C 20 H 8).(1).	30 parties
Chaux vive....................	100 parties
Eau...........	400 parties

On peut opérer pendant tout l'hiver, mais l'époque
le plus convenable est celle ou l'œuf d'hiver touche
au terme de son incubation, c'est-à-dire, le mois de
février pour les régions du midi et ceux de février et
de mars pour les autres parties de la France. Mais,
comme, à l'époque le plus convenable, un temps plu-
vieux pourrait empêcher l'opération de se faire, il sera
plus sage de la pratiquer dès que les circonstances le
permettront. — Dans aucun cas, le badigeonnage ne
devra se faire après le débourrage de la vigne, c'est-à-
dire, après que les bourgeons se seront développés.

Si les vignes sont vieilles et à écorces épaisses, on
n'effectuera le badigeonnage qu'après avoir pratiqué
un décorticage superficiel. — Ce décorticage sera fait,
une fois pour toutes, et n'aura pas besoin d'être rénou-
velé chaque année.

---

(1) (Ou mieux : Naphtaline..   60 parties)

Dans le cas de vignes jeunes et à écorces minces, le décorticage ne sera pas nécessaire ; — il pourrait même être nuisible.

Pour décortiquer, on pourra employer divers instruments tels que les gants à mailles d'acier de M. Sabaté' des racloirs, des rapes ou même de simples couteaux à lame forte et solidement emmanchée.

En ce qui concerne les précautions à prendre lors de la taille, il est recommandé de faire ramasser avec le plus grand soin les sarments coupés qui peuvent recéler quelques œufs d'hiver ; on les brûlera sur place, ou, si l'on préfère, on les emportera loin du vignoble dans un endroit sec et abrité. — A ce propos, il est utile de faire connaitre que les sarments, provenant de la taille, ne doivent en aucun cas, être gardés, comme cela arrive trop souvent, à l'air et à l'humidité les œufs pouvant conserver leur vitalité et éclore au printemps, si l'on ne renferme pas les sarments dan un lieu clos, couvert et non humide.

III° Reconstitution de nos vignobles par la vigne Américaine.

J'arrive au troisième moyen et je n'hésite pas à vous déclarer qu'après avoir lu les ouvrages des hommes les plus compétents et visité les propriétés des viticulteurs les plus distingués de notre région, notamment celles de MM. Lasserre, de Coquard, Reynal, Bornet, Bouchou, Chapès et celles de M. Merle de Massonneau à

Nérac, — après avoir reçu de chacun de ces Messieurs des explications claires et précises, — ma conviction profonde et bien sincère est que le meilleur des moyens à employer consiste dans la reconstitution de nos vignobles par les vignes Américaines ; — je crois que là est le salut.

Je ne vous dis pas que c'est le seul moyen de salut, — mais à mon avis, c'est le meilleur et c'est à coup sûr le moins couteux, — et le seul que l'on n'aura à employer qu'une fois en la vie du vignoble, et, espérons-le, du vigneron, — alors même que ce dernier vivrait cent ans, — et c'est, Messieurs, ce que je souhaite à chacun de vous.

Mais me direz-vous, — tous les plants Américains sont-ils également bons, — produisent-ils des raisins et de bons raisins ?

Messieurs, les plants Américains, dont on connait environ trois cents variétés, sont loin d'avoir tous les mêmes qualités, — il est donc indispensable de faire un choix, — et, c'est parceque l'on a voulu aller trop vite au début, que l'on a retardé la solution de cette question ; — combien elle serait plus avancée aujourd'hui, si, chacun de son côté, avait alors essayé préalablement, en petit, dans son vignoble, les cépages Américains les plus connus à cette époque, — au lieu de se borner à n'en essayer qu'un seul. C'était par une douzaine, ou, tout au plus, par une centaine de plants de chaque espéce ou variété que devait se faire cette expérience et non par milliers ou dizaine de mille d'une seule de ces espèces, comme la plupart l'ont fait imprudemment.

Si, au début, tout viticulteur, desireux de créer un vignoble Américain, avait planté dans le terrain choisi par lui à cet effet, vingt, trente ou cinquante plants des meilleures variétés, il serait fixé depuis longtemps sur bien des points encore incertains, — et il saurait, aujourd'hui, d'une manière absolue, — quel plant il doit employer pour avoir un vignoble vigoureux et d'un grand rapport — et — quels plants il doit rejetter impitoyablement ; — il saurait en un mot, à quoi s'en tenir sur les cépages Américains les plus connus et pourrait entreprendre maintenant la reconstitution de son vignoble en toute connaissance de cause, — c'est-à-dire, dans les meileures conditions et avec les plus grandes chances de succès. — C'est pour avoir voulu faire les choses trop grandement et trop rapidement, et, surtout, pour avoir marché en aveugles et sans guide que les premiers, ayant ainsi méconnu les lois de l'adaptation des plants au terrain, sont arrivés à des insuccès complet. — Aussi, les avons-nous vus, après avoir été enthousiastes des plants Américains, en devenir les plus grands adversaires et les plus grands détracteurs. — Mais, est-ce ainsi que l'on doit agir ? Et, ne savez-vous pas combien est vrai, en toutes choses, le proverbe Italien, qui va piano, va sano — et — qui va sano, va lontano, — Or. c'est en viticulture surtout, qu'il convient d'appliquer cet adage et d'aller avec une sage lanteur.

Fort heureusement, à côté de ces impatients, qui passent du blanc au noir avec tant de facilité, il y avait des hommes sages, qui, ont marché doucement et avec prudence et, sont arrivés à ce résultat, qu'ils peuvent aujourd'hui vous dire, à coup sûr, quels sont les cépages à employer pour avoir les plus grandes chances de succès.

Il y a, Messieurs, deux grandes catégories de vignes Américaines.

I. Les plants producteurs directs.

II. Et les plants non producteurs dit porte-greffes.

Des plants producteur directs.

Les plants producteurs directs les plus connus, sont :

1º L'Herbemont
2º Le Jacquez
3º L'Othells
4º Le Black-July
5º L'Elvira
6º Le Noah
7º Le Triumph

8° Le Cunningham
9° Le Black-Défiance
10° Le Secrétary

Parmi ces dix espèces ou variétés quelles devons-nous choisir ?

D'après mon expérience personnelle et d'après ce que j'ai vu chez MM. de Cocquard, Lasserre, Raynal, Merle de Massonneau, Chapès, Bouchou et autres, vous devez ne planter que *L'Herbemont.*

L'Herbemont demande une terre de bonne qualité, de préférence les terres ferrugineuses, les bouvées et les terrains d'alluvion, — mais là, il est d'une végétation remarquable, souvent même luxuriante ; — ses rameaux ont l'écorce *glaucescente* c'est à-dire couleur *vert de mer* et presque *pruineuse* ou *couleur de prune*, ce qui lui est commun avec le Cunninghan, ainsi qu'avec la plupart des Astivalis (groupe dont il fait partie), — son beau feuillage, qui ressemble à celui du Jacquez et du Cunninghan, est très ample et a une teinte plus claire et une consistance moins forte que ces derniers ; — ses feuilles plus minces, semblent, si je peux m'exprimer ainsi, moins affaissées que celles du Jacquez et du Cunninghan.

L'Herbemont est d'une fertilité et d'une production extraordinaires, — aussi, les Américains l'avaient-ils surnommé *sac-à-vin* ; pour ma part, j'affirme que, actu-

ellement, tout le monde peut voir près de Monflanquin,
sur la propriété de Laroque, appartenant à M. de Cocquard, cinq rangs d'Herbemont, dont les ceps (âgés de
5 ans) portent chacun, en moyenne, quatre-vingt beaux
raisins, — un seul en porte cent-vingt cinq ; — de plus
ce cépage est réfractaire à toutes les maladies de la
vigne connues jusqu'à ce jour et n'aime pas qu'on le
traite en malade ; ainsi, j'ai vu vers le vingt cinq juillet
dernier (1885), chez M. Bornet, près le Port-Ste-Marie,
deux pieds d'Herbemont que l'on avait soufré, par mé-
garde, en même temps que leurs voisins, plants français atteint de l'Oïdium. — Les plants français traités
par le soufre étaient d'une santé presque parfaite, et
les Herbemonts avaient leurs feuilles comme brûlées
et semblaient mourants. Mais, à côté, d'autres Herbemonts, qui n'avaient pas subi ce *traitement sulfureux*,
étaient de la plus grande vigueur et avaient une végétation bien supérieure à celle des plants français.

L'Herbemont donne un vin peu coloré qui a, de huit
à dix degrés d'alcool, c'est-à-dire, la force moyenne des
vins de notre région, — mais il est très franc de goût,
c'est celui, de tous les vins produits par les vignes
Américaines, qui ressemble le plus à nos vins et aux
vins ordinaires de la Giroude.

Le Jacquez, très apprécié dans le midi, où il donne
un vin rouge foncé, (on peut et on doit même dire un

vin noir et noir comme de l'encre, qualité inappréciable pour faire les coupages), — est un plant dont la résistance au phylloxéra est aujourd'hui démontrée par des faits nombreux et enciens.— Mais, c'est un cépage essentiellement méridional, — il faut le placer dans les terres les meilleures et à l'exposition du midi, — et même ainsi placé, les rayons du soleil, dans notre contrée, ne sont pas assez chauds pour lui ; — de plus il est sujet à toutes les maladies de la vigne ; le Mildew, la Rot noir ou l'Anthracnose, la coulure etc, et il a le grand tort de les communiquer à ses voisins.

Aussi, je vous conseille de planter L'Herbemont qui n'est sujet à aucune de ces maladies et de laisser le Jacquez aux méridionaux, chez lesquels il donne des résultats merveilleux, ou du moins n'en plantez que quelques pieds dans votre jardin.

L'Othello, connu aussi en Amérique sous le nom de *Lenoir*, est quelque fois confondu avec le Jacquez, parce qu'il a les mêmes caractères de fructification et de végétation, et, peut être, les mêmes qualités et les mêmes défauts; dans le doute, je vous dis : Malgré sa résistance au phylloxéra.généralement reconnue, plantez, si vous voulez, une centaine d'Othello, et, étudiez le vous même, avant de faire de grandes plantations ; mais il est probable que ce cépage, convient au midi seul. — Toutefois je dois dire que sa réputation est meilleure que celle du Jacquez, — il murit mieux et est moins sujet à la coulure.

Laissez de côté, d'une manière absolue, les autres plants directs, malgré que le Triumph, le Black, — Défiance, le Secrétary et le Noah, se chargent de raisins à gros grains; — car ces plants ne sont pas encore suffisamment connus et ceux qui les cultivent n'osent pas vous garantir leur résistance au phylloxéra et parlent de les greffer sur plants résistants: — J'ajoute, — nous ne savons pas si les raisins ainsi produit mûriraient bien dans notre contrée et si le vin en serait agréable et n'aurait pas ce goût foxé, que l'on reproche à presque tous les vins Américains.

Faites pour ceux-ci, ce que je vous ai conseillé pour l'Othello, plantez quelques boutures ou racines; mais ne faite de plantations importantes qu'après vous être rendu compte vous même des *qualités et des défauts* de ces cépages.

Plants non producteurs au porte-Greffes

Je ne vous parlerai que des meilleurs porte-greffes ; — à mon avis, ce sont, par ordre de mérite :

1° Le Solonis
2° Le Vialla
3° Le Riparia
4° Le York's Madeira
5° Le Clinton
6° Le Taylor
7° Et le Rupestris

Le Solonis. — Je place au premier rang, le Solonis, malgré l'avis contraire de quelques viticulteurs qui lui préfèrent les uns le Vialla, les autres le Riparia et quelque uns le York's Madéira, parce que dans notre pays, ce cépage pousse avec une grande vigueur dans les plus mauvaises terres, notamment dans les terrains marneux où les Riparia et les Vialla, ainsi d'ailleurs que les Herbemonts, les York's et les Jacquez, végètent et meurent; il est aussi d'une végétation luxuriante dans les terrains humides.

Si quelque uns d'entre vous vont prochainement à Port-Ste-Marie, qu'ils s'arrètent dans la vallée de la Masse, deux kilomètres avant d'arriver au bùt de leur voyage, et qu'ils escaladent les côteaux situés au midi en face la propriété de M. Lasserre, ils verront sur les terres de M. Raynal, dans un terrain marneux des plus mauvais, une vigne d'une vigueur excessive et chargée de raisins. — C'esf une plantation de Solonis dont la moitié a été greffée en chasselas et tous le reste en plants de dame noirs et jurançons noirs. — A mon avis, on peut trouver aussi bien, mais nulle part on ne trouvera mieux, car nulle part on ne trouvera une vigue plus régulièrement chargée de raisin, et de raisins plus beaux, — tout à côté, vous verrez des Riparia, des Jacquez, des Herbemont, des Vialla, des York's, etc etc, — presque tous morts ou mourants, et cependant, tous ces plants ont été également bien cultivés par M. Bouchou (de Matalin), près le Port-Ste-Marie), viticulteur des plus intelligents, qui d'accord avec M. Raynal, avait, après un examen sérieux des terres de la contrée, choisi ce terrain, qu'ils avaient jugé un des plus mauvais, afin d'étudier les degrés de rusticité de chacun des cépages Américains les plus répandus.

De plus, le Solonis est un très bon porte-greffe,—il se distingue par la couleur vert cendrée et la dentelure très fortement accusée de ses feuilles, qui ont presque le reflet argenté des feuilles du peuplier de la Caroline.

Le Vialla est probablement le meilleur des porte-greffes et si je le place après le Solonis, c'est uniquement parce que ce dernier pousse vigoureusement là ou le Vialla végète et quelquefois... meurt.

Mais dans les bonnes terres (terre d'alluvion, terres ferrugineuses et bouvées), je crois qu'il faut rendre le premier rang au Vialla à cause de la facilité avec la quelle il reçoit le greffe.

Il se distingue par ses feuilles d'un vert foncé peu ou presque pas deutelées.

Le Riparia — est incontestablement de tous les cépages Américains, celui dont le nom est le plus connu, celui qui est le plus répandu dans tous les vignobles et celui qui est le plus discuté, — cela tient à ce que l'on a multiplié ce cépage par le semis et que l'on a ainsi obtenu un nombre infini de variétés dont la plupart ont peu de valeur, — on peut donc également en dire avec raison le plus grand bien et le plus grand mal; — si vous voulez planter de bons et vrais Riparia, procurez-vous le Riparia violet (soit le millardet soit le riparia fabre) et le riparia tomenteux, et, règle générale, prenez vos boutures sur les plants qui ont les feuilles les plus grandes et les plus larges, le bois le plus gros et dont la végétation est la plus vigoureuse.

Le Riparia ressemble au Solonis, (qui est, dit-on, de la même famille), par les dentelures de ses feuilles, — toutefois sa couleur est d'un vert plus foncé, les dentelures sont peut être un peu plus inégales et surtout plus profondément incisées, les lobes sont plus accusés, et parfois le dessous des feuilles, les nervures et même l'écorce du jeune bo's sont recouverts de poils courts et raides.

Le Riparia se plait surtout dans les terrains très perméables, presque toujours riches en fer et de teinte rouge dans les quels domine l'élément siliceux, mêlé dans des proportions variables à l'élément calcaire, auquel vient s'ajouter une certaine quantité d'argile ; mais par la sélection, on arrive facilement à le faire vivre et prospérer dans presque tous les terrains, dans les mauvais comme dans les bons, — toutefois si votre terre est humide et marneuse n'y plantez pas de Riparias, mais bien des Solonis et rien que des Solonis.

Le York's Madeira, — ce cépage considéré en Amérique comme produit par un semis d'Isabella est généralement peu estimé dans son pays natal, — mais, soit que la traversée lui ait été favorable, soit pour tout autre motif, en Europe, et surtout en France, il a de grands admirateurs qui le placent au premier rang des portes greffes.

Presque tous les viticulteurs s'accordent à dire qu'il est irréprochable au point de vue de sa bonne tenue, de sa rusticité dans presque tous les sols, et aussi, au point de vue de sa bonne reprise de bouture et de greffe, du bon aoûtement de son bois et surtout parce qu'il ne porte presque jamais de phylloxéras sur ses racines ; mais, on se plaint, que dans la plupart des cas il ne fournit pas une végétation suffisante et que sa production n'est pas considérable, aussi doit-on, à mon avis, choisir pour le greffer non des plants dits d'abondance, mais les plants fins (le côté rouge par exemple) et les plants qui nous donnent les raisins, dits raisins de table.

Son aspect est à peu près le même que celui du Vialla mais sa feuille est plus épaisse et plus rugueuse.

Le Clinton et le Taylor, — ces deux cépages ont été les premiers connus dans le Bordelais où ils ont joui et jouissent encore, dans certaines région, d'une grande faveur, — mais, dans d'autres contrées, ils sont presque complètement abandonnés, comme nourrissant trop de gales phylloxériques.

A mon avis, leur trop grande vogue au début est la cause de l'abandon d'aujourd'hui. — En effet, les premières plantations de Taylor et Clinton, ayant été faites dans des terres de bonne qualité et à une époque ou ils étaient à peu près les seuls cépages Américains connus ou pronés, leur belle végétation excita l'enthousiasme; on s'imagina qu'ils devaient partout et toujours pousser avec la même vigueur, on les planta par milliers dans les terres de mauvaise qualité et l'on arriva à un inssuccés. Alors, l'enthousiasme fit place au découragement et l'on brûla le lendemain ce que l'on adorait la veille. Le dernier des plants français fut déclaré bien supérieur au Clinton et au Taylor, *surtout au point de vue de la résistance au phylloxéra.*

Au lieu de passer ainsi, en un instant, d'une extrême confiance à une extrême défiance il fallait faire pour ces cépages ce que je vous ai recommandé pour presque tous, étudier lesol et savoir s'il convenait à la nature des plants en question.

Ce qui est certain c'est que le Taylor réussit admirablement dans les terrains du Gard où, greffé en chasselas, il donne des résultats magnifiques et qu'il existe dans le jardin botanique de Bordeaux un pied de Clinton porteur d'un écriteau ainsi conçu : *Aux prises avec le phylloxéra depuis 1875*, ce qui, en 1882, ne l'empêchait pas de faire l'admiration des promeneurs qui pouvaient compter six cent trente-cinq raisins suspendus à ses pampres. Le Clinton a parfaitement réussi dans certaines localités, notamment dans le centre de la France, où des greffes de sept à huit ans donnent une production soutenue de cinquante à soixante hectolitres à l'hectare.

On peut donc dire de ces cépages, comme de ceux dont nous avons parlé précédemment qu'ils sont bons ou mauvais, selon les conditions dans lesquelles on les place.

Pour ceux-ci, comme pour les autres, il faut trouver le sol qui leur convient, mais il faut le reconnaître, ils ne vivraient, ni ne produiraient dans les terres de qualité inférieure. Tous les deux sont de bons porte-greffes.

Le Rupestris. — Ce cépage est encore peu connu, néanmoins, de l'avis de tous ceux qui l'on étudié, il parait être appelé à un brillant avenir, — en effet, ce que l'on sait de lui permet d'affirmer qu'il est très résistant au phylloxéra et se plait dans les terrains rocheux, rocailleux et pierreux, où la plupart des autres variétés végètent mal, on s'est plaint cependant qu'il ne prospérait pas dans les sols marneux.

C'est un bon porte-greffe , il porte très bien les greffous de petit-Bouschet, d'alicante Bouschet et d'Aramon.

Il diffère des autres espèces de vignes Américaines par la forme des feuilles et son apparence buissonnante. Si l'avenir justifie les prévisions des viticulteurs, le Rupestris sera un cépage précieux pour la reconstitution des vignobles sur les coteaux secs ou arides.

Du greffage

Maintenant que nous avons étudié ensemble les meilleurs porte-greffes, je dois vous dire un mot du greffage.

J'entends tous les jours dire : Pourquoi planter des cépages américains, ils nécessitent beaucoup plus de soins que les cépages français et ne donnent pas de fruits sans avoir été greffés. Il faut rester fidèle à nos vieilles vignes et ne planter que des cépages français ; dans peu de temps, le phylloxéra et toutes les autres maladies portées par *la brume,* tout cela disparaitra.

Je fais, bien certainement, des vœux pour qu'il en soit ainsi, mais, dans le cas où les brouillards (que dans notre pays les cultivateurs appellent *la brume*), n'emporteraient pas loin de nous le phylloxra et tous les autres fléaux qu'ils ont, parait-il, porté dans notre contrée, luttons, c'est-à-dire greffons nos cépages français sur les vignes américaines. Mais, me direz-vous, greffer tous les plants d'un vignoble cela ne doit pas être facile et puis ce sera bien long et bien coûteux? Il est évident qu'il vaudrait mieux pouvoir s'en passer. Nous rentrerions dans les conditions ordinaires de la culture de la vigne et il n'y aurait de changé que les cépages, mais, pour le moment nous n'avons pas le choix.

Ce qui effraie habituellement, ce sont les difficultés et les frais du greffage. C'est cependant une opération beaucoup plus simple et plus expéditive que vous ne le supposez. Je vais vous l'expliquer en quelques mots.

Le greffage, vous le savez tous, est une opération qui consiste à prendre sur un individu d'une espèce déterminée, tantôt un bourgeons ou œil, tantôt un tronçon de rameau appelé greffon, pour le transporter en l'insérant, par un des nombreux procédés en usage, sur un autre sujet d'une variété de la même espèce et quelquefois d'espèce différente. Cette opération a généralement pour but de changer la nature d'un sujet déterminé lorsque l'on désire transformer celui-ci en une variété fruitière d'un mérite supérieur.

Dans la question qui nous occupe, *la reconstitution de nos vignobles disparus ou prêts à disparaître*, l'opération du greffage consiste à prendre comme sujets ou porte-greffes les espèces américaines résistantes au philloxéra et comme greffons à souder sur le porte-greffe, à marier avec lui en quelque sorte, les meilleurs de nos cépages français, de préférence, ceux qui sont réfractaires au mildiou à l'oïdium, à l'antrachnose c'est-à-dire au maladies de la feuille.

A mon avis, ce sont par ordre de mérite : Le Castet. — Les Bouschets (Petit Bouschet et Alicante Bouschet). — L'étraire de L'aduï, (1) qui donnent un vin un peu léger, — et le Touzan ou Bouchalès qui donne un vin corsè; puis L'Espar, L'Aramon, et le plant de dame noir, enfin, pour faire du vin blanc, *le Sémillon*.

Il y a deux modes de greffage bien distincts, mais également bons :

1° Le greffage *sur place*.
2° Le greffage *sur table*.

Le premier convient pour les plantations américaines âgées de deux ans au moins et trois ans au plus.

Le second est reservé aux plants auxquels vous avsz fait passer une année en pépinière (que l'on nomme des racinés ou des enracinés) et également pour les boutures. Dans le cas ou vous emploiriez le greffage sur table, Je vous donne le conseil, de mettre, la moitié de vos plants greffés en place, et le reste en

______

(1) Ou Etraire de l'*Adhuy*, nommé aussi le *Persan*.

pépinière; de cette manière, vous aurez, l'année suivante, tous les plants (greffés et racinés) nécessaires, pour remplacer tous les manquants, et votre vignoble sera complet.

Je ne vous indiquerai pas tous les systèmes de greffe usités, je me bornerai à vous en désigner quatre : 1. la greffe en fente. — 2. la greffe anglaise ordinaire. — 3. La greffe Champin. — 4. la greffe Marcotte de français sur américain. — D'autres sont bonnes, celles-là sont les meilleures. J'ajoute, les deux premières sont les plus usitées parce qu'elles sont les plus simples et peut-être les meilleures.

La greffe en fente est surtout employée pour greffer sur place, à mon avis, la greffe anglaise doit-être préférée pour greffer sur table.

Pour *la greffe sur place*, voici comment vous devez procéder : Vous déchaussez d'abord votre plant, vous coupez sa tige à cinq centimètres au dessous de la surface du sol, vous le fendez avec soin par le milieu sur trois ou quatre centimètres de longueur et vous introduisez dans cette fente un morceau de sarment appartenant à l'espèce que vous voulez propager. Ce greffon doit être, autant que possible, de la même grosseur que le sujet, il doit avoir deux ou trois yeux et être taillé dans le bas en forme de coin par un double biseau. On doit avoir soin de faire coïncider la ligne interne des écorces, au moins d'un côté, sinon des deux, puis, pour éviter tout déplacement du greffon, on lie solidement avec un lien de raphia, et, pour terminer, on recouvre le greffon jusqu'à l'œil supérieur, avec de la terre extrêmement meuble. Ce buttage du greffon est indispensable à la réussite de la greffe, car il maintient le greffon frais jusqu'au moment où il peut vivre aux dépens et de la vie du sujet qui le porte. Il a aussi un inconvénient, car il facilite l'émission des racines par le greffon qui doit se contenter des racines américaines, aussi, au commencement du mois d'août, doit-on faire disparaître la taupinière qui l'entoure et le déchausser jusqu'à la base, afin de couper les racines qui auraient pu se développer. Il faudra avoir soin de rechausser immédiatement, c'est-à-dire dans la même journée.

En greffant vos plants Américains à la deuxième année, vous avez de fruits à la troisième, et à la quatrième année vous êtes en pleine récolte. — Le greffage n'a pas retardé l'époque de la production, et, généralement, il a favorisé et augmenté la fructification.

La *greffe Anglaise* est généralement employée pour greffer sur table.

Pour la *greffe sur table*, il y a deux systèmes : la

---

(1) Ou un mélange de terre bien ameublie et de sable de renard.

greffe anglaise simple — et — la greffe anglaise suivant la méthode Champin, dite greffe Champin.

La *greffe anglaise simple* ou *la greffe anglaise ordinaire* est très facile à faire. — Pour l'exécuter, vous taillez le sujet en biseau, au moyen d'un couteau bien aiguisé, et, vous pratiquez une fente verticalement vers le milieu de la section, — puis, vous faites la même opération sur le greffon, — après quoi, les languettes sont mutuellement engagées dans les fentes, en ayant soin de faire coïncider les écorces des deux côtés, si c'est possible, — mais au moins d'un côté; — enfin, vous liez fortement avec du raphia.

La greffe anglaise simple est la plus usitée et donne réellement de très bons résultats, mais je lui préfère la greffe anglaise d'après la méthode Champin.

La *greffe Champin* est ainsi nommée parce qu'elle est enseignée par M. Champin, viticulteur des plus distingués du département de la Drôme, qui a fait sur le greffage de la vigne l'ouvrage le plus complet qui existe aujourd'hui en France — voici comment il s'exprime :

« Prenons un plant raciné et arraché, — avec le séca« teur ou mieux avec la serpette, — faisons sauter la
« tête du plant aussi près que possible au dessous du
« nœud qui la porte, de manière à ce que le mérithalle
« qui existe entre ce nœud et le suivant soit aussi long
« que possible. — Après avoir essuyé l'extrémité du
« mérithalle à greffer, prenons un couteau à greffer,

« simple, fort, à lame très mince, très large et pas trop
« longue, à gros manche remplissant bien la main, —
« faisons d'abord de haut en bas, au tiers ou au quart
« du diamètre une fente bien droite et bien régulière
« de trois à six centimètres de long, suivant la gros-
« seur du sujet. — Il faut ensuite fermer la main gau
« che, la paume en dessus, et entre le pouce bien
« allongé et l'index bien fermé, insérer le sujet de
« manière à ce que les racines soient là bas, plus loin
« que le pouce, que la partie fendue, vise bien le bout
« de votre nez, et que la fente transversale, qu'il faut
« placer en bas soit parallèle à la ligne, qui passe par
« vos deux yeux.

« Avec le couteau, saisi et serré par les quatre
« doigts de la main droite, tellement près de la lame
« que celle-ci, entre dans la main, et en se servant comme
« d'un levier du pouce droit, dont l'extrémité s'arc-
« boute contre la naissance du pouce gauche, on en-
« lève toute la partie du bois qui est au dessus de la
« fente, en commençant un peu plus loin que son
« extrémité inférieure, en se maintenant partout paral-
« lèlement à elle en travers, et en amincissant la lan-
« guette, de manière à ce quelle finisse à zéro, à l'en-
« droit ou elle vient rejoindre la fente transversale,
« qu'on n'a jamais perdue de vue.

« Cette opération est excessivement facile, mais pour
« la faciliter encore, il faut que la lame du couteau à

« greffer soit parfaitement dressée, en dessous, et pour
« cela il faut avoir soin de ne jamais toucher ce
« dessous avec la meule et de n'aiguiser que la partie
« supérieure. — Il est important que la surface ainsi
« préparée soit bien dressé, bien unie, bien régulière
« et bien semblable à la fente voisine, car c'est dans
« une fente absolument semblable à celle-là, qu'elle
« doit s'emboîter.

« Après le sujet, le greffon, — Prenons un greffon,
« qui se rapproche autant que possible du sujet, comme
« grosseur et qui présente une courbure correspondant
« à la sienne, surtout que jamais notre greffon ne soit
« plus gros que le porte-greffe.

« Ce greffon, habituellement composé de deux yeux,
« doit, comme le sujet, mais en sens inverse, être
« coupé au-dessous d'un œil, de manière à ce que le
« mérithalle qui reste au-dessous de ce premier œil,
« soit aussi long et aussi droit que possible — on pra-
« tique ensuite sur ce mérithalle une fente et une lan-
« guette à biseau parfaitement semblables à celles du
« sujet.

« Il n'y a rien de plus facile ensuite que de mettre
« le greffon au-dessus du sujet, de telle sorte que la
« partie enlevée de l'un étant à droite, et celle de l'au-
« tre à gauche, l'extrémité amincie de chaque lan-
« guette se trouve vis-à-vis de la fente qui doit la re-

« cevoir. — On fait entrer alors très facilement cha-
« que languette dans chaque fente on pousse les deux
« morceaux l'un contre l'autre en les maintenant avec
« les deux pouces et les deux index de manière à ce
« que les écorces s'affleurent sur toutes leur longueur,
« au moins d'un côté, et l'on ne s'arrête que lorsque
« l'extrémité de chaque languette est bien au fond de
« la fente. »

La greffe Marcotte de Français sur Américain.

Cette nouvelle greffe a pour but de transformer une branche américaine en un plant raciné américain greffé avec un plant français.

Les différentes manières de greffer, sont ici d'une importance secondaire et l'on peut employer à son gré la greffe en fente, la greffe anglaise ou la greffe à cheval, — l'on doit se souvenir seulement qu'il faut éviter à tout prix l'affranchissement du greffon français — il est donc indispensable d'amener ce greffon aussi près que possible de la surface du sol; pour cela, choisissez sur votre plan américain une branche assez longue pour fournir la plus grande partie sinon la totalité de la courbe qui doit être enterré dans le sol.

Quant ce plan raciné et greffé sera, l'année suivante, arraché et mis en place, on aura soin, en le plantant, de placer le point greffé, à fleur du sol. La greffe devant vivre aussi longtemps que lui, il faut, en greffant la marcotte et avant de la mettre sous terre, donner à cette opération tous les soins que l'on apporte à une greffe définitive.

Sur un cep de vigne vigoureux, il est facile de greffer ainsi trois et quatre branches.

Tels sont, à mon avis, messieurs, les quatre manières de greffer que l'on doit préférer à toutes les autres (1) Toutes ces greffes sont faciles, un bon couteau (bien aiguisé) et un peu d'attention suffisent pour les faire vite et bien. — Mais, me direz-vous, comment alors

---

(1) NOTA. — Pour assurer la réussite des différentes greffes que je viens de vous indiquer, il est important de bien choisir les greffons et de leur donner tous les soins nécessaires à assurer leur bonne conservation. Il faut choisir les greffons parmi les rameaux les plus fertiles de souches saines et présentant bien les aptitudes spéciales de la race que l'on veut multiplier; ils doivent être bien aoûtés, pourvus de tous leurs yeux, et avoir un développement moyen. De plus, comme il est nécessaire que la végétation du greffon soit en retard sur celle du sujet, il faut avoir soin de récolter les serments destinés à la greffe avant qu'aucun mouvement de sève ait commencé à se manifester, c'est-à-dire, au plus tard, dans les derniers jours du mois de janvier ou dans les premiers jours du mois de février.

Pour conserver les greffons en bon état, il faut les

expliquer que telles et telles personnes de notre connaissance n'aient pas pu réussir ? — Comment ? Je vais vous le dire ; L'insuccès dans le greffage provient surtout du défaut de soins après l'opération.

Si vous greffez sur place, pour réussir vous devrez dix jours avant de greffer couper la tête du sujet et rafraîchir la coupure, l'incision, tous les deux ou trois jours, afin d'éviter l'étouffement du greffon par une trop grande abondance de sève.

Si vous greffez sur table, procurez-vous d'abord du sable (dit sable de renard), placez-en deux ou trois tombereaux dans une remise, une cave ou une étable, — et à défaut des unes et des autres sous un hangard,

---

placer dans une cave et les recouvrir de sable, ou encore les réunir en petites bottes que l'on dispose debout dans une tranchée de 1m. 50 à deux mètres de profondeur.

Cette tranchée doit être creusée sous un hangard, ou contre un mur et à l'exposition du nord. Les sarments sont ensuite recouverts de sable puis de terre fraîche.

Pour greffer vos français sur américains il faut attendre l'époque où la végétation a commencé.

Vous ferez donc cette opération au moment qui vous paraîtra le plus favorable *du premier mars au trente-un mai.* N'oubliez pas qu'un temps doux et couvert, mais non à la pluie, est celui que l'on doit préférer, surtout pour greffer sur place.

— après cela, choisissez les plants américains les plus gros et coiffez chacun d'eux d'un greffon français frais et robuste (frais surtout), et soyez persuadé qu'ils porteront crânement leur nouvelle coiffure, — puis, si vous n'avez pas pu le faire au fur et à mesure, ayez soin chaque soir, de mettre dans le sable les greffes faites dans la journée, et veillez le moment favorable pour les mettre en place ou en pépinière.

« Vous aurez ainsi, nous dit M. Merle de Masson-
« neau, tranché la tête de vos américains ; mais, comme
« vous leur endonnerez une meilleure, ils excuseront
« votre cruauté et vous possèderez (spectacle consolant
« pour des humanitaires) des décapités résignés d'a-
« bord, satisfaits ensuite. — Quand vous les aurez
« transportés dans vos champs, réprimez sévèrement
« leurs tentatives d'indépendance, empêchez les affran-
« chissements et maintenez l'union dans ces mariages
« de raison, par cela, coupez (dans la première quin-
« zaine d'août) avec un instrument tranchant les raci-
« nes émises par le greffon français, mais donnez un
« tuteur à ce dernier. »(1)

Plantation.

La réussite des greffes faites sur table dépend au-

---

(1) Quel que soit le mode de greffage choisi, il ne faut pas oublier que le sujet sur lequel on opèrera ne doit jamais avoir moins d'un demi centimètre de diamètre, — et surtout que, en fait de greffage, il faut, moins aller vite que surement ; les avantages, en effet, ne se mesurent pas au nombre des sujets mais bien au nombre des réussites que l'on peut obtenir.

tant de la bonne préparation du sol et de la manière de planter que de la greffe elle-même, — aussi je vais vous rappeler les conditions essentielles à une bonne plantation.

Soit que vous mettiez les greffes en pépinière soit que vous les placiez à demeure, le terrain à ce destiné devra être préparé dans les derniers jours de l'automne qui précèdera la plantation, — (*préparé*, c'est-à-dire 1° *ameubli* par un défonçage ou défoncement de soixante à soixante-cinq centimètres de profondeur — et 2° *fumé* avec des engrais de bonne qualité, tels que les fumiers de ferme et de préférence, des crotins de mouton et de lapins domestiques, — des fientes de pigeons ou de volailles).

Au printemps qui suit, c'est-à-dire au moment de la plantation, vous ouvrez sur la ligne du défoncement un petit fossé de quarante-cinq à cinquante centimètres de profondeur sur quarante de largeur, — vous placez, au fond, une couche de sable (dit de renard), épaisse de six centimètres environ; puis, vous mettez les plants à la place que vous leur destinez (après leur avoir toutefois fait subir l'opération du *décorticage*, c'est-à-dire, après avoir enlevé quelques lanières d'écorce sur la partie du sarment qui doit être mise dans la terre, de manière à mettre à nu, sur plusieurs points, les couches génératrices du bois, mais en *ayant bien soin de ne pas détériorer les bourgeons*), — après quoi, vous mettez 1° une couche de terre sèche et bien meuble ou ameublie, de huit centimètres d'épaisseur, — 2° immédiatement après, une couche de bons terreaux de cinq à six centimètres au moins, — 3° une couche de terre meuble, — 4° alors, il faut tasser le tout vigoureusement avec les pieds et faire un arrosage convenable, — 5° enfin, vous achevez de combler c'est à-dire de remplir le fossé avec de la terre ordinaire.

Cette opération doit être faite ainsi, soit que vous fassiez une pépinière, soit que vous plantiez à demeure ; — toutefois, — si vous faites une pépinière, vous alignerez les plants dans le fossé à la distance de dix à douze centimètres, s'il s'agit de simples boutures, et de 15 à 30 centimètres l'un de l'autre lorsqu'il s'agira de racinés *greffés sur table*, et si vous plantez à demeure, vous les placerez à un mètre cinquante centimètres l'un de l'autre. J'ajoute, — lorsque vous ferez à demeure une plantation de plants directs, c'est-à-dire d'*Herbemont*, vous placerez vos *racinés* (des boutures ne réussiraient pas) à la distance de deux mètres l'un de l'autre sur le rang, — et les rangs à deux mètres cinquante centimètres au moins.

Conclusion.

Il y aurait encore, Messieurs, bien des choses à dire sur la reconstitution de nos vignobles par les cépages américains, mais l'heure nous presse et il y a déjà trop

longtemps que j'abuse de votre bienveillante attention
— aussi, je termine en vous disant, comme M. de
Massonneau aux viticulteurs qui assistaient au congrès
viticole de Toulouse :

« Je me pardonnerais d'avoir si longtemps abusé de
« votre attention, Messieurs, s'il m'était permis de
« croire que l'exposé trop long et trop peu scientifique
« sans doute, des diverses expériences (de sulfure de
« carbone, de badigeonnage et) de *vignes américaines*
« dont j'ai eu l'honneur d'être l'exécuteur ou le té-
« moin a fait pénétrer dans vos esprits cette conviction
« que le vignoble français sera victorieusement dé-
« fendu contre son infatigable ennemi.

« Je peux me rendre le témoignage qu'aucun des
« faits que je vous ai exposés n'a été ni embelli à
« plaisir, ni volontairement amoindri. Je me suis
« trompé peut-être, peut-être ai-je mal observé (*errare*
« *humaum est*), mais, en parlant devant vons, en vous
« racontant les succès et les échecs dans la lutte, je
« ne me suis inspiré que de ma conscience et de la
« bonne foi. Je suis un viticulteur comme la plupart
« d'entre vous, heureux de trouver le salut, d'où qu'il
« vienne.

« Et, cependant, Messieurs, *confiance !* car cette
« vigne, la fortune et l'orgueil de notre pays, se relè-
» vera des atteintes qu'elle a reçues, améliorée et
« triomphante.

« Elle répandra encore dans le monde chez le
« pauvre comme chez le riche, la joie, la fortune et la
« santé ! Elle maintiendra intacte cette partie du
« patrimoine national qui s'appelle l'esprit français.

« Messieurs, Bacchus sera encore roi ! Tous les
« partis acclameront cette restauration si ardemment
« désirée ! Les plus austères salueront, avec bonheur
« sa couronne de pampres, l'eùt-il même parfois légè-
« ment posée de travers sur la tête ! ! !

FIN.

Notes à Consulter

I. — Extrait d'un *article publié dans la Chroniqne vinicole universelle*, le 3 septembre 1884, portant la signature de Elie Douysset (de la société des agriculteurs de France) et le titre de « *Les vignes américaines à St-André-de-Saugonis, Hérault.* »

Saint-André-de-Sangonis travaille si vaillemment à la reconstitution de son vignoble que bientôt les champs nus n'y existeront plus qu'à l'état de souvenir. Dieu seul sait, cependant, combien fut grande la défiance avec laquelle nos vignerons accuellirent tout d'abord les cépages exotiques (c'est-à-dire les cépages américains) ; comme Thomas ils voulurent voir et toucher pour croire, mais, comme lui, aussi, dès qu'ils eurent vu et touché, ils se mirent résolument à l'œuvre.

Mais aussi, aujourd'hui, ils commencent à recueillir le fruit de leurs constants efforts.

Le Riparia (et le *Solonis*), partout splendides, leur ont déjà donné, et promettent, cette année encore, des résultats absoluments inespérés. Greffés en *Carignane*, en *Alicante-Bouschet*, dans des sols tufiers, ayant à peine 35 à 40 centimétres de terre végétale, il n'est pas rare de leur voir produire à la seconde et à la troisième feuille 50 à 55 hectolitres à l'hectare.

Dans les sols médiocres, comme chez le docteur Coste, ils ont donné, et donneront à la vendange prochaine de *85 à 90 hectolitre à l'hectare*. Dans un sol moyen, comme chez M. Sélignac, à sa campagne de Coussenas, ils produisent 140 hectolitres chez le même comme chez MM. Giscard et Quatrefuges, greffés en Aramon dans un sol de premier degré, à la troisièms année de greffage, *ils donnent de 180 à 200 hectolitres*; à Coussenas encore, greffés en Alicante-Bouschet, on évalue la récolte pendant *à 100 hectolites par hectare*.

Le *Jacquez*, cultivé directement, est absolument magnifique, et, en admirant son éblouissant feuillage, on se prend à regretter que la nature n'ait pas cru devoir suspendre à ses vigoureux sarments, quelques unes de « ces belles grappes qu'elle fait sortir avec tant d'abon- « dance des pampres de l'Aramon ou même de la Carignane. Il donne une moyenne de 25 à 30 hectolitres à l'hectare, comme porte-greffe, il se comporte admirablement, bien que n'égalant pas le Riparia (le Solonis et le Vialla), c'est ainsi que greffé en Carignane et en Hybrides-Bouschet, il promet, *dans un sol moyen*, une récolte de 50 à 55 hectolitres à l'hectare, et, greffé en Aramon, *dans un sol privilégié*, comme chez M. Nougaret et Quatrefages, on s'attend, à la deuxième et troisième année de greffage, à un rendement de 88 à 95 hectolitres.

En outre de l'Aramon, de la Carignane et de l'Alicante-Bouschet, qui, ont été, sont et seront les producteurs par excellence à St-André, nos vignerons utilisent aussi pour greffons, le Petit-Bouschet, l'Œillade, le Cinsaut et le Mourastel et aussi l'Aramon-Bouschet.

Ce n'est pas, nous l'avouons, sans un léger sentiment d'orgueil que nous publions les résultats obtenus par les braves vignerons de St-André, ils ont vu, donc ils savent et ils croient aujourd'9ui que la reconstitution de nos vignobles par les cépages américains est la seule voie sure et bonne pour arriver, sinon à la fortune, du moins à une grande aisance.

II. — *Modifications dans la culture de la vigne — La vigne en chaintres.*

L'expérience a démontré que la culture de la vigne doit, aujourd'hui, étre modifiéé d'une manière presque absolue.

Autrefois, on ne plantait la vigne que dans les plus mauvaises terres, et les plants étaient placés à un mètre l'un de l'autre dans tous les sens. De plus, on ne lui donnait des soins (et quels soins !), que lorsque l'on n'avait plus rien à faire ailleurs, et, jamais on ne faisait dans un vignoble des transports de fumiers et de terres.

Aujourd'hui, une vigne plantée dans ces conditions végèterait péniblement pendant quelques années, puis,

disparaîtrait, n'ayant rien ou presque rien produit ;
c'est que l'on a, pendant trop longtemps, abusé de la
fertilité du sol, on se contentait de gratter la terre et
de lui jeter des grains de diverses espèces qu'elle ren-
dait au moins au centuple, aussi, on s'imaginait que
cela durerait éternellement et qu'il suffirait toujours
de planter dans n'importe quel terrain un sarment
quelconque pour avoir en abondance des raisins,
beaux et bons. Malheureusement cela ne pouvait durer
ainsi. La terre, permettez-moi de faire cette compa-
raison, est aujourd'hui semblable à un cheval auquel
son cavalier aurait demandé courses sur courses sans
jamais lui donner la nourriture et les soins nécessaires.
La terre est épuisée, le cheval est fourbu, on n'en
vaut guère mieux. Il faut changer d'allure, c'est-à-dire
changer de régime. — Oui, il faut, aujourd'hui, aban-
donner la culture de la vigne à rangs serrés (c'est-à-
dire à 1 mètre) pour s'en tenir aux rangs placés à
deux mètres cinquante centimètres l'un de l'autre, en
laissant entre les plants de vigne (sur le rang), un in-
tervalle de un mètre cinquante centimètres ou de, au
moins, un mètre vingt-cinq centimètres. Dans les
terres de première qualité, il serait mieux encore de
mettre les rangs de vigne à quinze ou vingt mètres
l'un de l'autre et de garnir ces rangs de beaux pru-
niers (placés à dix mètres sur le rang), de cette manière on conserverait les récoltes de blé, de maïs ou

de menus grains et l'on aurait en sus, tous les ans, une récolte de vin et de prunes.

Dans tous les cas, il est nécessaire aujourd'hui de donner tous les ans, au sol de la vigne, les mêmes soins que l'on donne habiluellemeut aux terres que l'on doit ensemencer en blé ou en maïs, notamment les mêmes fumures et les mêmes transports de terre. J'ajoute, ceux qui pourront faire des terreaux, feront bien d'en réserver la plus grande partie pour leurs plantations de vignes, et de vignes américaines surtout. Il faudra faire usage, aussi, des engrais chimiques spéciaux pour la vigne, car, aucun genre de culture, dans nıtre pays, ne donne des bénéfices aussi grands que la culture de la vigne faite avec intelligence et avec goût.

L'on pourra aussi essayer la méthode de Chissay ou la vigne en chaintre, qui est en usage dans le Loir-et-Cher, l Indre-et-Loire et l'Alsace-Lorraine ; elle a été imaginée et mise en pratique par un vieux vigneron du nom de Denis Lussandeau, préconisée et enseignée par M. Vias, instituteur à Chissay, Hyppolite Hemmer, ancien juge de paix, propriétaire à Bodemack, en Lorraine et par M. Nauquette, directeur de la ferme-école des Hubaudières dans l'Indre-et-Loire.

Cette méthode consiste essentiellement à planter à de grandes distances (9 mètres sur 10) des ceps de

vigne qui, par leur développement, arrivent à une
végétation véritablement arborescente, et, par la facilité de déplacement de leurs longs bras permettent la
culture du sol à la charrue dans tous les sens. Ce sont
de véritables treilles, avec cette différence que la tige
(le pied) n'a que soixante-dix centimètres de hauteur
et les rameaux sont soutenus à trente, quarante ou au
maximum à cinquante centimétres au dessus du sol,
par de petites fourches ou fourchines en bois de mi_
nime valeur. Tout le monde comprendra que cette
différence est toute à l'avantage de la méthode de
Chissay, car les raisins (que la vigne ainsi taillée produit habituellement en grand nombre et de fort bonne
qualité), étant plus rapprochés du sol, reçoivent tous,
non-seulement la chaleur directe du soleil, mais encore la reverbération de la chaleur du sol. Comme le
dit si bien le docteur Guyot : « C'est la terre qui leur
sert d'espalier au lieu de murailles et qui leur réflé-
chit la chaleur, condition de perfectionnement du
fruit bien supérieure dans l'air.

III. — Extrait de la *Constitution* (journal républi-
cain, politique, littéraire, commercial et agricole du
département de Lot-et-Garonne), l'article suivant, publié dans le numéro portant la date du lundi 5 février
1883.

«Monsieur le Rédacteur en chef de la Constitution.

« Je lis dans la *Constitution*, la première partie de
« l'analyse (faite par M. de l'Ecluse) d'un livre que
« vient de faire paraitre M. Prosper de Lafitte, l'un
« des agriculteurs et des viticulteurs les plus distin-
« gués de l'Agenais. — Le sujet traité dans le livre
« en question est l'étude des moyens à employer
« pour détruire le phylloxéra, ou tout au moins, le
« combattre dans des conditions aussi avantageuses
« que possible.

« L'honorable professeur d'Agriculture dit notam-
« ment :

M. de Lafitte, après avoir consciencieusement
examiné tout ce qui a été écrit sur la matière, est
arrivé bien vite à démêler les avantages et les incon-
vénients des moyens proposés, — *Président du
Comité Central* d'Études et de vigilance contre le
phylloxéra *de Lot-et-Garonne*, il lui a été facile de
faire considérer l'emploi des insecticides comme infi-
niment trop coûteux pour les vignobles du département, et il a amené aisément ses collègues à voter
la création de pépinières de vignes américaines, etc.

« Puisque de l'avis de MM. de Lafitte et de L'Ecluse
« le seul remède à employer actuellement consiste
« dans la plantations des vignes américaines, pour-
« quoi ne chercherait-on pas le moyen le plus rapide
« et le plus pratique de faire connaître aux agricul-
« teurs et surtout aux cultivateurs (petits proprié-
« taires ou fermiers) la supériorité des vignes améri-
« caines sur les vignes françaises, les vertus des di-
« verses espèces de plants américains et surtout
« quelle espèce convient à telle qualité de terrain.

« A mon avis, le seul moyen réellement pratique à
« employer pour atteindre ce but, c'est d'établir au
« chef-lieu du département des réunions publiques,
« dans lesquelles tous les viticulteurs, propriétaires,
« fermiers et autres cultivateurs pourraient faire
« connaître les résultats de leurs travaux, — et s'é-
« clairer ainsi les uns les autres.

« Je propose donc, d'établir, sous le patronage des
« Sociétés d'agriculture du département, et au chef-
« lieu du département, une commission qui aura
« mandat ;

· « 1° d'organiser tous les six mois pendant trois ou
« quatre jours de suite et à des époques déterminées,
« des réunions publiques où chacun viendra faire
« connaître le résultat de ses expériences person-
« nelles concernant le choix des cépages américains,
« leur adaptation au sol et leur greffage en vignes
« françaises ;

« 2° d'organiser aussi aux mêmes époques, des
« ateliers de greffage pour l'enseignement pratique
« des systèmes de greffe les plus usités.

« Si mon idée, vous paraît avoir quelque valeur,
« je vous prie d'insérer ma lettre dans votre estimable
« journal.

« Veuillez agréer, Monsieur le Rédacteur en chef,
« l'assurance de ma considération la plus distinguée,

E. DUPÉRIÉ,

« notaire, maire de Laugnac. »

Monsieur Joanne-Magdelaine, rédacteur en chef, faisait suivre cette lettre d'un appel à ses confrères de la presse agenaise pour appuyer avec lui la proposition ci-dessus, qui lui paraissait devoir donner les meilleurs résultats pour la solution d'une question agricole d'un intérêt capital sûr.

Il terminait ainsi : « Nous savons que sur le terrain des intérêts généraux, la presse agenaise sait renoncer à ses discussions politiques, nous pensons que la nouvelle occasion qui s'offre aujourd'hui d'une alliance solide pour la défense des intérêts vinicoles de la région doit être saisie avec empressement. »

Cet appel ne fut pas entendu.

Plus tard, la *Constitution*, dans son numéro portant la date du 25 février 1883, a, à propos de l'idée émise par M. le docteur Richard, d'une réunion mensuelle au chef-lieu de l'arrondissement, afin de traiter la question intéressant l'administration des communes et de s'unir pour arriver plus rapidement à la solution de ces questions, la *Constitution*, a publié la lettre suivante adressée à M. Richard.

« Laugnac, le 19 février 1883·

« Mon cher collègue et ami,

« J'approuve absolument votre idée d'une réunion
« mensuelle des maires de l arrondissement, à la con-
« dition, toutefois, que l'on devra s'occuper non-seu-

« lement de question administratives, mais aussi et
« surtout de question d'économie politique, c'est-à-
« dire de la défense des intérêts agricoles, commer-
« ciaux et industriels de la région (agricoles surtout).

« Si nous voulons établir la République d'une
« manière définitive, nous devons l'aider à faire dis-
« paraître les crises qu'elle traverse actuellement, —
« tout d'abord, venir en aide à l'agriculture dont
« l'existence est menacée, — et — prévenir, autant
« que possible, les crises industrielles et commercia-
« les qui pourraient surgir.

« Si le gouvernement aide les particuliers à faire
« leurs affaires, les particuliers feront les affaires du
« gouvernement.

« Le temps des discours est passé, agissons ! — et
« — demandons à nos députés et à nos sénateurs de
« perdre moins de temps à des discusaions plus ou
« moins oiseuses, et de s'occuper un peu plus de ré-
« formes utiles et pratiques.

« Le cri de ralliement des vrais amis de la France,
« doit être au Travail ! ! !.

« Sur ce, mon cher Docteur, je vous félicite d'avoir
« vu le mal et de chercher le remède, etc.

« Veuillez agréer, etc.

E. DUPÉRIÉ,
« maire de Laugnac. »

Enfin, dans son numéro du lundi, 5 mars 1883, la
Constitution, à l'instigation de M. Dupérié, a publié
l'aticle suivant, extrait de la *Chronique vinicole universelle* :

« Les viticulteurs de la Gironde sont, en ce moment, occupés au salut de leurs vignobles par la submersion et les insecticides ou à leur reconstitution par les vignes américaines, etc., etc.

» La Société d'agriculture de la Gironde a arrêté ce qui suit :

« Article premier. — Des réunions publiques seront organisées les vendredi, samedi et dimanche 9, 10 et 11 mars, à Bordeaux, à l'école professionnelle, rue St-Sernin.

» Art. 2. — Elles auront lieu le vendredi et le samedi matin, de neuf heures à onze heures, et le soir, de deux heures à quatre heures.

» Art. 3. — On y traitera les questions indiquées dans un questionnaire spécial.

» Art. 4. — Des ateliers de greffage seront organisés le dimanche 11 mars, pour la démonstration pratique des divers systèmes de greffes et des instruments propres à les exécuter.

» Etc., etc. »

Questionnaire spécial

PREMIÈRE PARTIE

Greffage des vignes françaises sur vignes américaines

1. — Quels sont les meilleurs porte-greffes? — Résistance, adaptation au sol. — Relation des porte-greffes avec les cépages de la Gironde.

2. — Divers systèmes de greffes, greffe anglaise, en fente, etc., etc.

3. — Ligatures et engluements.

4. — Soins à donner aux greffons et aux porte-greffes.

DEUXIÈME PARTIE

Reconstitution des vignobles par les vignes américaines greffées.

1. — Greffage sur place, en pleins champs, en pépinière. — Epoque à laquelle il faut greffer. — Age du porte-greffe. — Espacement.

2. — Greffage à l'atelier des plants enracinés et des boutures. — Mise en place immédiate. — Culture préalable en pépinière. — Epoque du greffage à l'atelier. — Plantation. — Soins à donner aux greffes. — Moyens d'assurer la reprise et d'éviter les accidents dûs aux intempéries.

3. — Production directe. — Choix des reproducteurs directs. — Résistance. — Adaptation.

DERNIÈRE PARTIE

Démonstration pratique des procédés de greffages et des instruments propres à les exécuter.

Cet article était suivi des réflexions suivantes :

» Il nous semble qu'il y a là une excellente idée dont les viticulteurs de Lot-et-Garonne feraient sagement de tirer profit.

» Il serait intéressant et éminemment utile de réunir à Agen les viticulteurs de notre département, de leur demander les résultats de leurs expériences, et de faire, en un mot, une enquête complète sur la question phylloxérique localisée à nos vignobles.

» Ces réunions sont possibles tous les six mois et dans toutes les villes où on organisera des concours agricoles.

» Cette idée, d'ailleurs, a été émise déjà, au mois de février dernier, dans la *Constitution*, par l'honorable M. Dupérié, maire de la commune de Laugnac.

» Nous espérons que M. Laporte, conseiller général, président du comité anti-phylloxérique, voudra bien prendre l'initiative des premières convocations. Il sera soutenu par toute la presse départementale. »

J'ajoute : Au mois de septembre 1885 on n'a encore rien fait. Mais, ou affirme que, à l'occasion du concours régional de 1886, des ateliers de greffage seront organisés à Agen pendant le concours.

J'espère que l'on réalisera alors, à Agen, le programme de Bordeaux en 1883. Nous arriverons un peu tard, mais, mieux vaut tard que jamais !

Oïdium

Longtemps désigné sous le nom de maladie de la vigne, parce qu'on ne connaissait alors aucune autre affection qui fixât sérieusement l'attention des viticulteurs. L'oïdium est aujourd'hui victorieusement combattu par le procédé de soufrage enseigné par M. Marès. Mais il y a mieux encore, puisque il est acquis que certains plants ne portent jamais que des traces du parasite qui est sans action sur eux.

Les plants français, réfractaires à l'Oïdium, sont par catégories basées sur le dégré de la résistance :

Première catégorie. — Le Persan ou Etraire de l'Adhuys. — Le Castet. — Le Petit-Bouschet. — L'aramon. — Le Sauvignon. — L'Alicante-Bouschet. — L'Espar. — Les Pinots et les Jurançons noirs.

2me Catégorie. — Les Muscats. — Le Chasselas et le teinturier, à la condition qu'ils ne seront pas placés dans les vallées et seront à l'exposition du midi.

3me Catégorie. — Le Gamays. — Le Mabroisie. — Le Piquepoul. — Le Cabernet. — La Carignane. — L'Œillade et les Cinsauts.

Les plants américains sont généralement peu attaqués. Ceux qui sont absolument réfractaires, sont :

L'Isabella. — Le Catawba. — Le York's-Madeira — L'Herbemont. — Le Riparia et le Rupestris.

Anthracnose

L'Anthracnose, appelée aussi *charbon*, *carbounat*, *picoutat* (dans le Languedoc). Rouille noire (dans l'Isère). Schwarer-fresser ou bruleur noir (en Allemagne). Rot et dry rot (rot noir) et small pox (petite vérole) en Amérique,

Est une maladie qui paraît avoir toujours existé. On en trouve la description dans les œuvres de Théophraste et de Pline. Elle a été constatée en France à la fin du siècle dernier, mais elle a surtout attiré l'attention vers 1835, lorsqu'elle a ravagé les vignes et les espaliers des terrasses du château royal de Sans-souci, à Postdam (Prusse).

L'antrachnose se développe surtout sur les sarments mais aussi sur les feuilles, les fleurs et les fruits. Les rameaux de l'année paraissent seuls atteints. On la constate sur les jeunes rameaux verts sous forme de petits points isolés à teinte d'un brun clair livide. (A peine visible au début, le point noir grandit très rapidement lorsque une assez grande humidité coïncide avec une température élevée), bientôt il se fonce et devient noir. Son action est, à peu près, la même sur les feuilles qui, parfois, se flétrissent, sèchent et se détachent. Souvent il brule entièrement les jeunes grappes encore à l'état de fleurs. Quelquefois, il ronge (comme un chancre) les tissus du pédoncule, et alors la grappe entière sèche et les grains se détachent. Les taches de l'anthracnose, sur les grains du raisin, apparaissent sous forme de points noirs qui s'étenden‘ en restant circulaires. Elles peuvent avoir de 1 à 3 millimètres de diamètre, leur centre devient bientôt d'un blanc grisatre et se creuse.

Les plants français les plus résistants à son action, sont : Les Pinots, — Le Petit-Bouschet. — L'Espar. — Le Castet. — Le Chasselas. — Le Teinturier. — Le Sauvignon et l'Étraire de l'Adhuys.

Les plants américains réfractaires à cette maladie, sont : L'Herbemont et le Cynthiana.

Péronospora ou Mildew

Le *Péronospora ou Mildew* (Mildiou), connu dans le Bordelais, sous le nom de brouillardage ou maladie blanche se développe sur tous les organes verts de la vigne, c'est-à-dire sur les rameaux herbacès, sur les fruits jeunes et surtout sur les feuilles. On ne le voit jamais sur le bois aoûté. Il forme, à la surface des parties envahies, de petites touffes d'un blanc de lait, qui ressemble, quand le parasite est à son complet développement, à des concrétions salines ou mieux à du sucre, que l'on aurait répandu en poudre fine ; puis, bientôt, la feuille brunit, sèche et tombe en se désarticulant et alors, les raisins sont facilement grillés par le soleil.

Les plants réfractaires au Mildew, sont :

1. *Plants français*. — Le Persan ou Etraire de l'Adhuys. — Le Petit-Bouschet. — La Madeleine. — Le Chasselas. — Le Castet. — Le Syrah. — Les Cabernets. — L'Alicante-Bouschet. — Le Gamay teinturier. — Merlot et le Pineau noir.

II. — *Plants américains* par catégories basées sur la résistance la plus grande.

Première catégorie. — L'Elvira. — Le Noah. — Le Taylor. — L'Herbemont et l'Isabella.

2me catégorie. — Le Riparia. — Le Cunningham. — Le Black-Pearl. — Le Clinton et le Franklin.

3me catégorie. — Le Triumph. — Le Rulander. — Le Lenoir et le Marion.

Tous les autres sont plus ou moins sujels à cette maladie.

FIN.

TABLE

ERRATA

Page 13, ligne 3, lire les arguments *me* au lieu de *ne*,

Page 20, ligne 17, lire *OEstivalis* au lieu de *Astivalis*,

Page 27, ligne 20, lire *côte* rouge, au lieu *côté* rouge,

Page 41, ligne 18, lire *pour* cela, au lieu de *par* cela.

Page 44, ligne 18, lire *humanum*, au lieu de *humaum*.

Page 47, ligne 6, lire *quatrefages*, au lieu de *quatrefuges* ; — ligne 10, lire *pendante*, au lieu d *pendant*.

Agen. — Imprimerie BONNET et FILS.